AF404115

15649

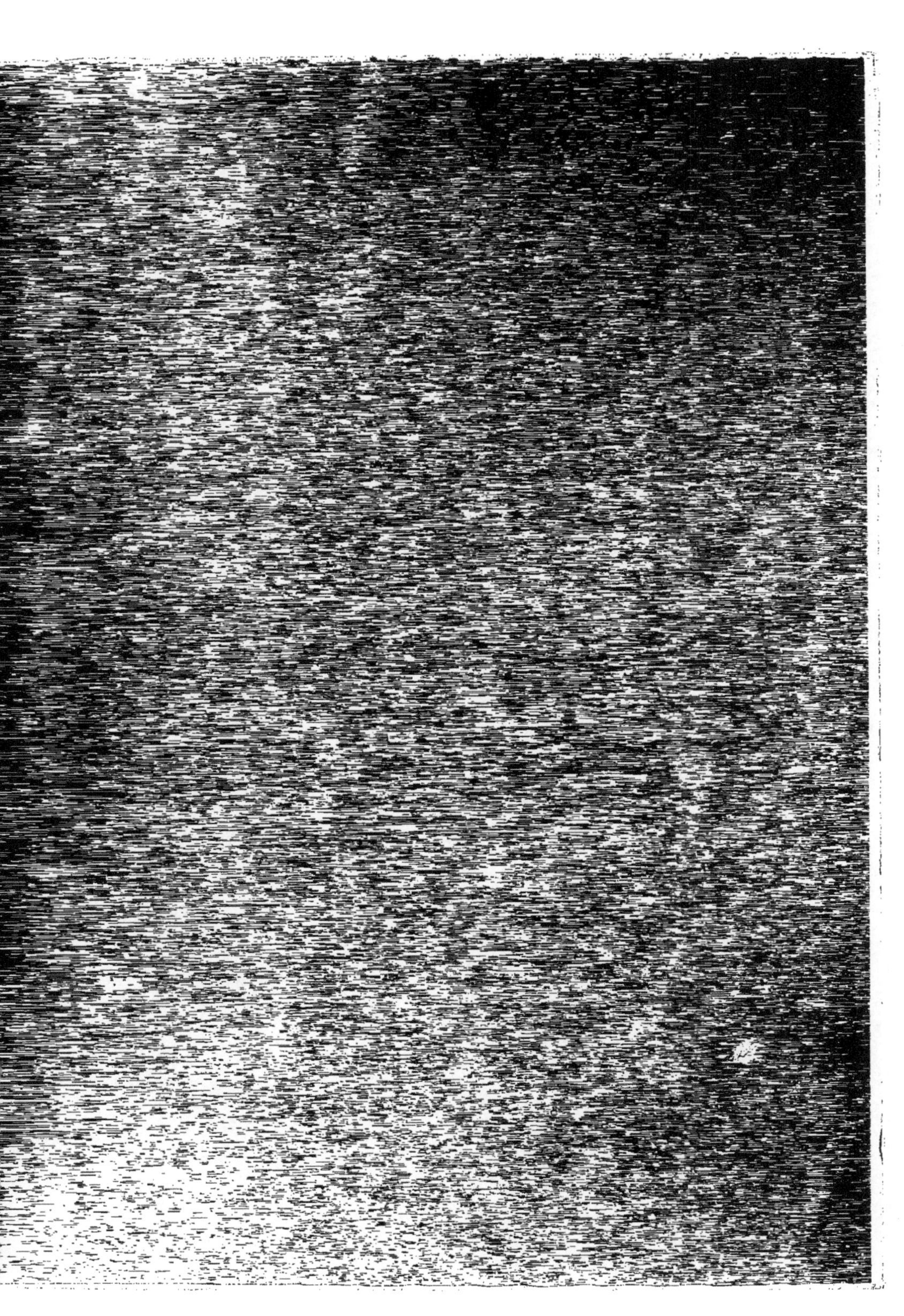

RECHERCHES

SUR LES PROPRIÉTÉS

DES COURANTS MAGNÉTO-ÉLECTRIQUES,

PAR

M. le Prof. Aug. De La Rive.

(Mémoire lu à la Société de Physique et d'Histoire naturelle de Genève, le 16 Avril 1857.)

Les courants magnéto-électriques sont les courants électriques qu'on développe par l'influence d'un aimant dans un fil de métal; ils traversent par conséquent tout conducteur qui réunit les deux bouts de ce fil. Ces courants sont instantanés, et il y en a toujours deux dirigés en sens contraires qui se succèdent l'un à l'autre lorsqu'on approche et qu'on éloigne alternativement l'aimant du fil métallique. On peut ainsi, en continuant ce mouvement alternatif, développer une suite non interrompue de courants instantanés dirigés alternativement en sens contraires. En étudiant les propriétés de ces courants, je suis parvenu à quelques résultats qui me paraissent nouveaux, et qui peuvent jeter peut-être quelque lueur sur la nature même de l'électricité, ou tout au moins sur le mode d'action de ce puissant agent. C'est ce qui fait que je me décide à les publier, quoiqu'ils fassent partie d'un travail plus complet sur l'électricité, qui n'est pas encore complétement achevé.

§ 1. *Coup d'œil général sur les courants magnéto-électriques.*

L'appareil au moyen duquel j'ai obtenu les courants magnéto-électriques qui font le sujet de ce Mémoire, a été construit à Londres en 1834; il consiste essentiellement en deux armures de fer doux qui, entourées chacune d'un fil de métal recouvert de soie, viennent, par l'effet d'un mouvement de rotation qu'on leur imprime au moyen d'une manivelle fixée à un axe, passer successivement devant les pôles d'un fort aimant. A chaque passage des armures devant les pôles, correspondent, dans les fils métalliques dont elles sont enveloppées, deux courants instantanés et contraires; l'un a lieu quand l'armure arrive devant le pôle, l'autre quand elle le quitte. Les bouts des fils sont unis deux à deux, de façon à ne présenter que deux extrémités, auxquelles on fixe le conducteur à travers lequel on veut faire passer la succession des courants magnéto-électriques. Un compteur, que j'ai adapté à l'appareil, en permettant de compter combien de fois, dans un temps donné, les armures ont passé devant les pôles, indique aussi combien, dans ce même temps, il y a eu de courants instantanés et contraires qui se sont succédé.

Les courants magnéto-électriques ont toutes les propriétés des courants électriques ordinaires : ils agissent sur l'aiguille aimantée, ils développent de la chaleur, et peuvent faire rougir des fils fins de métal ; ils décomposent l'eau et les corps composés ; ils produisent des effets physiologiques remarquables. Dans la décomposition des corps, les éléments ne sont pas isolés comme ils le sont par les courants voltaïques ; cela vient de ce que chacun des bouts du fil dans lequel le courant magnéto-électrique est développé, sert alternativement de pôle positif et de pôle négatif. On peut, par un artifice, faire disparaître l'un des deux courants alternativement contraires, de manière à n'avoir qu'une suite de courants tous dirigés dans le même sens ; mais ils perdent alors une grande partie de leur énergie et quelques-unes de leurs propriétés les plus remarquables. Toutes les expériences que renferme ce Mémoire ont été faites avec les courants alternativement contraires, tels qu'ils sont produits par l'appareil que nous avons décrit plus haut.

En donnant à cet appareil un mouvement de rotation plus ou moins rapide, on est bientôt frappé de l'influence qu'exerce sur les propriétés diverses des courants magnéto-électriques, la vitesse avec laquelle ces courants se succèdent les uns aux autres. Pour mesurer leur intensité calorifique, je me suis servi du thermomètre métallique de Bréguet, disposé, comme je l'ai indiqué dans un précédent Mémoire (1), de façon que son hélice puisse être mise dans le circuit ; l'hélice, en s'échauffant, fait parcourir à une aiguille autour d'une division circulaire, des degrés qui correspondent aux degrés centigrades

____

(1) *Mémoires de la Société de Phys. et d'Hist. nat.* T. VII, p. 486.

d'un thermomètre ordinaire.—Quant aux effets chimiques, j'ai fait usage, pour les mesurer, d'un appareil que j'ai aussi décrit dans le Mémoire que j'ai cité plus haut, et au moyen duquel on peut apprécier, avec la plus grande exactitude, la plus petite quantité de gaz produite dans un temps donné.

Les deux tableaux qui suivent indiquent, le premier, les degrés de chaleur correspondant à un certain nombre de courants magnéto-électriques qui se succèdent dans un temps donné ; le second, le temps nécessaire pour développer la même quantité de gaz au moyen de courants magnéto-électriques se succédant plus ou moins rapidement, le nombre total des courants nécessaires, dans chaque cas, pour produire cette même quantité de gaz, et le nombre de ces courants par seconde, soit la vitesse avec laquelle ils se succèdent.

Nombre des courants magnéto-électriques par seconde.	Degrés correspondants de température de l'hélice métallique.
2	7°
4	12°
6	32°
8	47°
9	52°
11	59°
13	69°
18	90°
20	100°
22	104°
26	121°
30	126°
35	132°
39	135°

Temps nécessaire pour développer une même quantité de gaz (30 divisions de l'appareil.	Nombre total des courants nécessaires pour développer cette quantité de gaz.	Nombre des courants par seconde dans chacune des expériences.
8 " 1/2	400	47
9 " 1/2	488	51
10 "	412	41
10 " 1/2	441	42
11 " 1/2	393	34
12 "	396	33
15 "	393	30
16 " 1/2	452	27
17 "	424	25
19 " 1/2	468	24
35 "	679	10
43 " 1/2	740	9
75 "	1050	7

Il résulte des tableaux qui précèdent, que, quant aux décompositions chimiques, l'effet individuel de chaque courant magnéto-électrique dépend de la vitesse avec laquelle ces courants se succèdent les uns aux autres, et qu'ils atteignent leur plus grande énergie quand il y en a environ 3o à 34 par seconde : il n'en faut alors que 3g3 pour développer une certaine quantité de gaz. A partir de cette limite, soit qu'on augmente, soit qu'on diminue la vitesse avec laquelle les courants magnéto-électriques se succèdent les uns aux autres, ils perdent de leur intensité, car il en faut un plus grand nombre pour produire le même effet chimique : 4oo, quand il y en a 47 par seconde; 488, quand il y en a 5ı; 424, quand il y en a 25; 679, quand il y en a 1o; 1o5o, quand il y en a 7, etc. Toutefois, il faut remarquer qu'à partir de la limite à laquelle a lieu le maximum d'effet, il n'y a pas une régularité parfaite dans la diminution graduelle d'intensité qu'éprouvent les courants à mesure que la vitesse avec laquelle ils se succèdent augmente ou diminue.

Quant aux effets calorifiques, il n'y a pas de limite; les courants qui se succèdent avec le plus de rapidité, sont ceux qui ont le plus d'intensité calorifique; mais il y a ici une cause nouvelle qui fait que cette vitesse doit influer sur l'énergie de la chaleur developpée, c'est que la durée du refroidissement est d'autant moindre, que la vitesse est plus grande, et que, en supposant que l'action individuelle des courants restât constamment la même, le même nombre de ces courants produirait nécessairement un effet calorifique d'autant plus fort, qu'ils agiraient dans un temps plus court. Toutefois, cette cause est loin de suffire pour expliquer la grande augmentation de chaleur qui accompagne l'accroissement de la vitesse avec laquelle les courants se succèdent; elle peut seulement peut-être expliquer pourquoi on ne trouve pas de limite avec les effets calorifiques comme avec les effets chimiques.

La vitesse avec laquelle les courants magnéto-électriques se succèdent, se fait aussi sentir sur leurs propriétés électro-dynamiques, et sur leurs effets physiologiques. Quand on sert soi-même de conducteur à ces courants, en tenant dans chacune des mains les extrémités des fils dans lesquels ils sont développés, on éprouve, à mesure que la vitesse augmente, d'abord dans le poignet, puis aux coudes, et enfin jusqu'aux épaules, des commotions qui finissent par devenir d'autant plus insupportables, que par l'effet d'une crispation nerveuse, on est presque dans l'impossibilité de détacher ses mains des conducteurs, et que pour être délivré de cette espèce de torture, il faut que les courants cessent d'être produits. Je n'ai pas remarqué qu'on éprouvât des secousses dans d'autres parties du corps que celles qui ont été indiquées plus haut, sauf dans une expérience où appliquant les extrémités des deux conducteurs aux deux tempes, je ressentis au milieu du front une impression très-pénible, dont l'effet ne disparut complétement qu'au bout de quelques heures. Les grenouilles, exposées à l'action de ces courants, éprouvent des commotions violentes et non-interrompues; on voit, au bout de peu d'instans, leur sang noircir d'une manière très-prononcée.

On ne peut s'empêcher d'être surpris en voyant des courants, développés entièrement dans des fils métalliques, produire des effets physiologiques aussi prononcés, d'autant plus que la vive étincelle qui jaillit à la surface du mercure, destiné au besoin à établir la communication entre les extrémités des fils où circulent ces courants, indique qu'il n'y en a qu'une bien petite portion qui traverse le corps animal placé sur leur route. Il paraît que la puissance de ces courants est due essentiellement à leur discontinuité, car on sait que lorsqu'un courant agit d'une manière continue, quelle que soit son intensité, l'animal soumis à son action n'éprouve de commotion qu'au moment où cette action commence ou à l'instant qu'elle cesse. De plus on peut obtenir le même effet en rendant discontinu, au moyen d'un artifice très-simple, le courant développé par un simple élément voltaïque. Remarquons en passant, que l'emploi, comme moyen médical, des courants discontinus, et en particulier des courants magnéto-électriques, si faciles et si commodes à développer, pourrait présenter des ressources d'excitation bien plus vives et par conséquent, dans certains cas, des moyens de guérison bien plus efficaces que l'emploi de l'électricité ordinaire des machines ou de la pile. Ce qu'il y a de certain, c'est que la sensation que ces courants font éprouver aux personnes qui les font passer à travers quelque membre malade, est bien plus forte et bien plus soutenue que celle qui résulte de l'action du courant d'une forte batterie voltaïque.

Je terminerai cette étude générale des courants magnéto-électriques, en faisant remarquer qu'on peut, jusqu'à un certain point, expliquer l'influence de la vitesse sur l'intensité de ces courants, en supposant que les deux principes électriques, chassés par l'action de l'aimant aux deux bouts du fil soumis à cette influence, n'ont pas le temps de se neutraliser par l'intermédiaire de ce fil lui-même, et sont obligés de traverser en plus grande proportion le conducteur qui en réunit les deux extrémités. Ce qui semblerait donner du poids à cette conjecture, c'est que plus le conducteur à traverser est imparfait, plus il est avantageux d'employer, pour y développer les courants magnéto-électriques, des fils longs, et à travers lesquels la réunion immédiate des deux principes électriques ne puisse avoir lieu que difficilement.

Parmi les faits qui se rapportent à cette partie du sujet, il en est un que je signalerai, et qui est curieux par lui-même. J'ai remarqué que toutes les fois que le conducteur qui réunit les deux bouts du fil dans lequel les courants sont développés, est un conducteur imparfait, tel qu'un liquide qui est décomposé, ou un fil métallique assez fin pour s'échauffer, les armures de fer doux sont fortement attirées par les pôles de l'aimant, lorsque, par l'effet du mouvement de rotation qu'on leur imprime, elles passent devant eux; cette attraction cesse complétement dès que le conducteur en question est parfait, tel qu'un gros fil de cuivre d'une petite longueur. Cet effet provient-il de ce que le courant, produit par l'aimantation du fer doux, réagit à son tour sur ce fer, pour lui imprimer un magnétisme contraire, et par conséquent détruire l'effet attractif du premier? Dans ce cas on conçoit que le magnétisme contraire devra être d'autant plus prononcé, que le courant instantané qui le produit sera plus intense et par conséquent qu'il traversera de meilleurs conducteurs. Le fait que je viens de citer semble aussi indiquer que, lorsque le courant peut librement s'établir, le magnétisme qu'acquiert momentanément le fer doux disparaît et se transforme complétement en électricité. .

Ce point mérite une étude plus approfondie; j'y reviendrai incessamment. Les phénomènes de ce genre ne me paraissent pas encore bien faciles à expliquer; en effet, les théories reçues jusqu'à ce jour ne me semblent pas rendre compte d'une manière bien satisfaisante encore, de la transformation de l'électricité en magnétisme et du magnétisme en électricité, et en général de tous les phénomènes magnéto-électriques, dont la production dépend du mouvement et dont la première découverte est due à M. Arago.

Je passe maintenant à l'exposition des effets des courants magnéto-électriques; je me borne seulement à remarquer encore que, afin de rendre les expériences comparables, j'ai adopté une

vitesse constamment la même et telle, qu'il y avait 27 courants
alternativement contraires par seconde; toutes les fois que je
m'en suis écarté j'ai eu soin de l'indiquer.

§ 2. *Passage du courant magnéto-électrique à travers*
les conducteurs métalliques.

La résistance qu'éprouvent les courants magnéto-électriques
quand on diminue l'épaisseur et qu'on augmente la longueur
des fils métalliques qui les conduisent, est considérable. Un fil
d'argent très-fin long de 15 centimètres , laissait passer le courant magnéto-électrique avec assez de facilité, pour que ce courant pût élever de 70° l'hélice du thermomètre métallique placée dans le circuit. Lorsqu'on donnait au fil une longueur de
37 pieds, l'hélice ne s'échauffait plus, par l'effet du courant, que
de 10°. En traversant le fil d'un galvanomètre dont il faisait dé-
vier l'aiguille de 80°, le courant s'affaiblissait assez pour n'exercer aucune action ni sur l'hélice métallique ni sur l'aiguille d'un
autre galvanomètre dont le fil était plus gros que celui du premier, et qui était placé, comme l'hélice, dans le circuit que traversait le courant. Quand on ne laissait dans le circuit que ce
dernier galvanomètre et l'hélice, l'aiguille du galvanomètre dé-
viait de 75° et l'hélice se réchauffait de 47°.
   J'ai eu l'occasion, à Londres, de faire passer le courant magnéto-électrique à travers un fil de cuivre long de 14 milles et
de 3 millimètres de diamètre environ ; ce long conducteur ne
transmettait pas la moindre partie du courant; réduit même à

une longueur d'un mille, il ne laissait pas mieux passer le courant, tandis que le courant d'une pile était transmis dans les mêmes circonstances.

Ainsi les courants magnéto-électriques éprouvent, de la part des conducteurs homogènes, une résistance qui croît rapidement avec leur longueur. Mais ce qu'il y a de curieux, c'est que, lorsque le conducteur est hétérogène au lieu d'être homogène, la résistance diminue. Trois fils métalliques d'un millimètre de diamètre et d'un mètre de longueur, l'un de *cuivre*, l'autre de *platine*, le troisième de *fer*, ont été successivement placés sur la route du courant, et lui ont permis d'élever la température de l'hélice métallique placée aussi dans le circuit, le fil de *cuivre* de 87°, celui de *platine* de 73°, celui de *fer* de 70°. En traversant un conducteur de même longueur totale, c'est-à-dire d'un mètre, mais formé de deux fils attachés bout à bout, l'un de *cuivre*, l'autre de *fer*, le courant a donné 75°; en mettant les uns à la suite des autres 4 bouts alternativement *cuivre* et *fer*, mais toujours de même longueur totale, le courant a donné 76°; il a donné 77° lorsque le conducteur a été composé de 8 bouts alternativement *cuivre* et *fer*. Dans tous les cas, la longueur totale du conducteur était la même, et les fils de cuivre et de fer avaient tous le même diamètre d'un millimètre. C'est probablement à la circonstance que les courants magnéto-électriques sont composés de courants discontinus et alternativement contraires, qu'est due leur préférence pour les conducteurs hétérogènes; tandis que les courants voltaïques et thermo-électriques continus et toujours dirigés dans le même sens, traversent avec bien plus de facilité les conducteurs homogènes.

2

La chaleur diminue considérablement la conductibilité des métaux pour les courants magnéto-électriques comme pour les autres. Le courant transmis à travers le fil de platine d'une lampe aphlogistique, développait 5° de moins de chaleur dans l'hélice du thermomètre métallique, quand le fil de platine était incandescent que lorsqu'il était froid.

§ 3. *Passage du courant magnéto-électrique à travers les conducteurs liquides.*

Pour apprécier la résistance que les courants magnéto-électriques éprouvent dans leur passage au travers des conducteurs liquides, j'ai placé dans le circuit l'hélice du thermomètre métallique et le fil d'un galvanomètre ; en outre, j'ai toujours eu soin de mettre les liquides dans des capsules rectangulaires plus ou moins larges et plus ou moins longues, et d'établir la communication entre ces liquides et le reste du circuit, au moyen de lames de platine d'une surface égale à la portion du liquide dans lequel elles plongeaient. C'est en agissant ainsi que j'ai obtenu les résultats contenus dans le tableau suivant ; résultats qui m'ont conduit à reconnaître que les liquides possèdent le même degré de conductibilité relative pour les courants magnéto-électriques, que pour les courants voltaïques, mais que leur conductibilité absolue est bien moindre et est bien plus influencée par des changements dans leur étendue.

En mettant successivement et dans une même auge où plongeaient deux lames de platine maintenues constamment à la mê-

me distance, de l'acide nitrique plus ou moins étendu d'eau,
on a obtenu les résultats suivants :

Acide nitrique pur concentré				17°
1 vol. *ac.-nit.* étendu	d' 1 vol.	*d'eau,*	19°
1 vol. *ac.-nit.* «	de 2 vol.	*d'eau,*	17°
1 vol. *ac.-nit.* «	de 3 vol.	*d'eau,*	13°
1 vol. *ac.-nit.* «	de 4 vol.	*d'eau,*	12°

En faisant varier la distance des deux lames de platine, soit
la longueur du conducteur liquide qui était en commençant de
4 pouces, on a obtenu :

1°   *Dans l'acide nitrique pur,*

Distance totale,	13°
1/2 de la distance,	18°
1/4 de la distance,	15°
1/8 de la distance,	28°
1/16 de la distance,	35°

2°   *Dans une solution de 1 vol. d'acide nitrique et 1 vol. d'eau.*

Distance totale,	17°
1/2	25°
1/4	30°
1/8	35°
1/16	40°

J'ai pris ensuite une capsule plus large et plus longue, et j'ai
toujours eu soin de mettre la solution liquide dans le courant
au moyen de lames de platine aussi larges que la section du liquide ; mais j'ai placé successivement dans la capsule de l'acide
sulfurique étendu de deux fois son volume d'eau, de l'acide ni-

trique et de l'acide hydro-chlorique, et j'ai fait varier pour chacun de ces liquides la distance des lames de platine soit des *réophores* :

Distance des 2 lames de platine.	Degrés du thermomètre métallique.		
	Ac. sulf.	*Ac. nit.*	*Ac. hydro-chl.*
72 l.	15°	15°	15°
60	19°	18°	19°
48	22°	20°	23°
36	24°	23°	28°
24	32°	28°	35°
12	42°	38°	47°
6	52°	52°	58°
3	60°	59°	62°
1	67°	65°	68°

Les différences de conductibilité de ces trois solutions sont très-légères, et l'influence de la longueur du conducteur liquide, qui est très-grande pour chacune, est la même à peu près pour les trois. Si elle est un peu plus sensible pour l'acide hydro-chlorique, cela tient très-probablement à ce que les lames de platine finissent par être un peu attaquées par le chlore que le courant dégage, et conduisent ainsi le courant dans le liquide, d'autant mieux qu'elles l'ont déjà conduit plus longtemps. Ce qui prouve que c'est bien à cette circonstance qu'est due cette différence, c'est que, si après avoir rapproché les lames dans l'acide hydro-chlorique jusqu'à 1 l. de distance, on continue l'expérience en les éloignant de nouveau, on trouve pour les mêmes distances un courant plus fort qu'au commencement ; ainsi à

24 l. on obtient 37° au lieu de 33°, à 60 l. 22° au lieu de 19°,
à 72 l. 21° au lieu de 15°. — Avec les deux autres solutions on
retrouve au contraire, pour les mêmes distances, les mêmes degrés qu'on avait trouvés en commençant.

Je n'essaierai pas de chercher dans les tableaux qui précèdent
la loi suivant laquelle l'intensité du courant augmente à mesure
que la distance diminue ; cette loi en effet est liée, ainsi que
l'ont montré les beaux travaux de MM. Ohm et Fechner, avec
la conductibilité de tout le circuit que le courant parcourt, et
par conséquent dans ce cas, avec celle du fil métallique dans lequel il est développé et de l'hélice métallique qu'il traverse ; nous
ne pourrions donc trouver, dans les nombres que renferment les
tableaux qui précèdent, aucune loi générale. Je me bornerai
seulement à faire remarquer, que l'influence de la longueur des
conducteurs liquides est beaucoup plus grande pour les courants
magnéto-électriques que pour les courants voltaïques, tandis que
la différence d'effet qui résulte pour ces deux espèces de courant, de la substitution d'un conducteur liquide très-court, à
un conducteur métallique, est beaucoup moins sensible pour les
premiers que pour les seconds.

Ainsi une pile de 80 couples d'un pouce carré de surface,
donnait 80° au thermomètre métallique, sans liquide interposé ;
et en faisant passer son courant à travers de l'acide nitrique
étendu légèrement, elle ne produisait plus que 15° si les lames
de platine étaient à 1 l. de distance, et 12° si elles étaient
à 72 l.

Le courant magnéto-électrique donnait aussi 80° au thermomètre métallique sans liquide interposé, et, avec l'acide nitrique

légèrement étendu, 65° si les lames étaient à 1 l. de distance, et 15° si elles étaient à 72 l.

Le courant d'une pile de 30 couples semblables aux précédents, mais fortement chargée, développait 180° de chaleur sans conducteur liquide ; il n'en développait plus que 60° quand il traversait la couche d'acide nitrique d'une ligne d'épaisseur, 52° si la couche avait 36 lig., et 42° si elle avait 72 lig. Enfin une pile de 6 couples, chargée encore plus fortement, pouvait sans conducteur liquide, développer 300° de chaleur, et n'en donnait plus que 15° quand on mettait dans son circuit de l'acide nitrique, quelle que fût la distance des deux lames de platine qui transmettaient le courant dans cet acide.

Il résulte évidemment des expériences qui précèdent, que la perte d'intensité qu'éprouvent les courants voltaïques quand ils traversent de bons conducteurs liquides, a lieu presque totalement, ainsi que je l'ai fait voir il y a plusieurs années, dans leur passage du conducteur métallique au conducteur liquide, et réciproquement, et non dans leur trajet à travers le liquide lui-même, trajet qui peut être plus ou moins long sans qu'il en résulte une grande différence dans cette intensité. Il n'en est plus de même pour les courants magnéto-électriques ; la diminution d'intensité qui résulte pour eux, de leur passage du conducteur métallique au conducteur liquide, paraît être presque nulle, tandis que celle qu'ils éprouvent par un trajet plus long à travers le conducteur liquide, est considérable.

Le résultat qui précède doit nous faire présumer que les courants magnéto-électriques ne doivent pas éprouver, comme les courants continus (voltaïques et thermo-électriques), des diminutions considérables d'intensité, quand on se borne à interposer des diaphragmes métalliques dans leur trajet à travers des conducteurs liquides, sans changer la longueur de ce trajet. En effet, l'expérience démontre qu'ils n'éprouvent aucune perte dans ce cas, pourvu que les diaphragmes métalliques interposés aient une étendue égale à celle de la section du liquide dans lequel ils sont placés.

J'ai fait sur ce point particulier quelques expériences que je vais rapporter. J'ai pris deux capsules de verre de même largeur qu'une autre capsule d'une longueur exactement double, je les ai remplies toutes les trois de la même solution acide, et j'ai mis séparément et successivement dans le circuit la plus longue, puis les deux plus courtes, unies bout à bout par un arc de platine; j'ai observé dans les deux cas, soit au moyen du thermomètre métallique, soit au moyen du galvanomètre magnétique, le même degré d'intensité pour le courant, savoir 10° avec le premier, 32° avec le second. Le courant avait dans les deux cas le même trajet à faire à travers le liquide, mais il avait dans l'un et non dans l'autre, un diaphragme de platine à traverser, circonstance qui n'a nullement modifié son intensité.

En plaçant plusieurs diaphragmes successifs dans le liquide, on obtient des résultats semblables aux précédents: il faut seulement avoir soin que le trajet du courant à travers le conducteur liquide reste constant; car autrement si le courant s'affaiblit, ce n'est plus à l'effet des diaphragmes, mais seulement à l'effet d'une augmentation d'étendue dans le trajet liquide, qu'il faut attribuer cette diminution d'intensité. Ainsi trois verres remplis d'acide nitrique, étendu de la moitié de son volume d'eau, et réunis par des arcs de platine, ont réduit à 40° l'intensité calorifique d'un courant qui, lorsqu'il ne traversait que deux des verres, avait une intensité de 54°, et une intensité de 86° lorsqu'il n'en traversait qu'un. Mais le trajet liquide qui était de 6 lignes d'épaisseur dans le premier cas, n'était que de 4 lignes dans le second, et de 2 lignes dans le troisième ; et c'est à cette seule circonstance, et non aux alternatives de conducteurs métalliques et liquides, qu'est due la variation dans l'effet calorifique. En effet, si l'on compare la diminution d'intensité qu'a éprouvée le courant électrique dans cette expérience, par le fait de deux et de trois conducteurs discontinus, substitués à un seul, avec celle qu'il éprouvait dans les expériences précédentes par le seul fait d'une augmentation dans la longueur d'un trajet liquide continu, on en conclut que la discontinuité des premiers, soit la présence des diaphragmes, n'exerce aucune influence ni dans un sens ni dans un autre, sur l'intensité du courant.

Il y a plus : si l'on augmente la vitesse de rotation de l'appareil magnéto-électrique, et par conséquent la rapidité avec laquelle les courants se succèdent, on trouve que deux lames de platine d'un pouce carré de surface, plongées à deux lignes de distance l'une de l'autre dans l'acide nitrique, étendu de la moitié de son volume d'eau, conduisent les courants aussi bien qu'un conducteur tout métallique, tel qu'un fil de cuivre ; et que la diminution d'intensité qui résulte de l'addition d'un second, puis d'un troisième verre, remplis de la même solution ; et réunis les uns aux autres par des arcs de platine semblables, est beaucoup moindre que celle qui avait lieu, lorsque la vitesse de rotation de la machine était moindre. Ainsi quand la machine développait 40 courants par seconde, on obtenait 120° avec un seul verre, au lieu de 86° qu'on obtenait quand il n'y avait que 27 courants. Avec 2 verres, la machine développant 34 courants par seconde, on obtenait 111°; on obtenait 69° avec 3 verres : dans ce dernier cas il n'y avait que 30 courants par seconde.

Voici encore une autre expérience qui montre l'influence de la nature et de l'étendue du liquide sur l'intensité du courant transmis, en même temps qu'elle fait voir que les changements de conducteurs ne produisent pas à cet égard d'effet sensible. Six verres semblables ont été remplis, trois d'acide nitrique, trois d'une dissolution de sulfate d'ammoniaque (solution saline très-conductrice); ces six verres étaient réunis les uns aux autres par des arcs de platine, parfaitement semblables à tous égards. Le courant transmis à travers les six verres placés à la suite les uns des autres, dans un ordre quelconque, n'élevait constamment que de 5° l'hélice métallique. Les trois verres remplis d'acide nitrique, mis seuls dans le circuit, donnaient 18°, deux donnaient 33°, un seul 45°. Les trois verres remplis de la dissolution de sulfate d'ammoniaque donnaient 9°, deux donnaient 18°, et un seul 33°. Si l'on remplace dans le circuit magnéto-électrique le galvanomètre calorifique par le galvano-mètre chimique, on trouve que, pour développer 30 mesures de gaz, en donnant à l'appareil une vitesse telle qu'il y ait 48 courants alternativement contraires par seconde, il faut :

3

avec	0	diaphragmes	12 ″	soit	576	courants.
	1		18 ″		864	
	2		26 ″		1248	
	3		34 ″		1632.	

Avec une vitesse telle qu'il y ait 4o courants alternativement contraires par seconde, il faut, pour développer toujours 3o mesures de gaz :

avec	0	diaphragmes	10 ″	soit	400	courants.
	1		20 ″		800	
	2		26 ″		1040	
	3		34 ″		1560.	

La solution liquide interposée entre les diaphragmes était, dans les deux cas également, un mélange en volume égal d'acide nitrique et d'eau. Il résulte de ces expériences et d'un grand nombre d'autres semblables, dont je ne parle pas ici, pour ne pas allonger ce Mémoire , que les courants magnéto-électriques ne sont nullement affectés quant à leur intensité, par leur passage à travers un diaphragme métallique de même dimension que la section du liquide dans lequel ils se propagent ; et que l'étendue seule du liquide peut exercer à cet égard une influence qui est d'autant plus considérable, que les courants en question se succèdent moins rapidement les uns aux autres.

§ 4. *Influence de l'étendue et de la forme du conducteur métallique qui sert à transmettre les courants dans le liquide.*

J'avais observé plusieurs fois dans les expériences précédentes que, en plongeant des lames de platine de 4 à 8 centimètres carrés dans le liquide conducteur, pour y transmettre le courant, je n'obtenais que peu ou point de gaz sur leur surface; le dégagement de gaz devenait au contraire abondant lorsque, toutes les autres circonstances restant les mêmes, je substituais aux premières lames des lames plus étroites, ou encore mieux de simples fils. Pour étudier ce phénomène, je mis dans le circuit des solutions acides à différents degrés de concentration, d'une part au moyen d'une lame de platine que je pouvais plonger plus ou moins dans le liquide, d'autre part au moyen d'un fil de platine que j'avais la possibilité d'entourer d'un tube fermé par le haut, de manière à pouvoir recueillir tout le gaz dégagé à sa surface. J'avais soin de maintenir la lame et le fil à la même distance l'un de l'autre dans le liquide conducteur. L'hélice du thermomètre métallique était aussi dans le circuit.

Les expériences qui suivent montrent que, à mesure que j'enfonçais davantage la lame dans le liquide, la quantité du gaz dégagé à sa surface diminuait, tandis que le dégagement du gaz sur le fil et l'élévation de température de l'hélice augmentaient. Mais lorsque l'étendue de la surface de contact entre la lame et le liquide était devenue telle, qu'il n'y avait plus de développement de gaz sur cette lame, on se trouvait aussi avoir atteint la limite d'augmentation dans l'effet calorifique et dans le dégagement du gaz sur le fil. Lors même qu'on enfonçait encore plus la lame, on n'obtenait ni plus de chaleur dans l'hélice, ni plus de gaz sur le fil. Le résultat fut constamment le même avec une solution conductrice quelconque; le degré d'enfoncement auquel se manifestait la limite variait seulement avec la nature de la solution. Nous remarquerons aussi que lorsque le fil était entouré du tube destiné à recueillir le gaz, l'intensité absolue de tous les effets était moindre, à cause de la gêne qu'éprouvaient les courants dans la partie du liquide conducteur enfermée dans le tube au milieu duquel était le fil.

PREMIÈRE EXPÉRIENCE.

Mélange de 4 parties en volume d'eau distillée, et de 1 d'acide nitrique, dans un verre de 2 pouces 6 lignes de diamètre, sur 4 pouces de profondeur; lame de platine carrée de 2 pouces de côté, placée au centre du verre, et plus ou moins enfoncée; fil de platine de 1/2 ligne de diamètre, plongé près de la circonférence du verre, et traversant le liquide dans toute sa profondeur, sans être entouré du tube.

Degré d'enfoncement de la lame.		Température de l'hélice.	Production de gaz sur la lame.
1/2 ligne soit	12 l. carrées de surface	26°	Abondante.
1 l.	24 l. c.	31°	*Idem.*
2 l.	48 l. c.	37°	Plus faible.
3 l.	72 l. c.	40°	Très-faible.
4 l.	96 l. c.	42°	Quelques bulles de gaz.
6 l.	144 l. c.	44° à 45°	A peu près nulle.
9 l.	216 l. c.	45°	Nulle.
12 l.	288 l. c.	45°	*Idem.*
24 l.	576 l. c.	45°	*Idem.*

SECONDE EXPÉRIENCE.

Mêmes conditions que pour la première expérience, sauf que le fil de platine était entouré d'un tube destiné à recueillir le gaz dégagé.

Degré d'enfoncement de la lame.			Température de l'hélice.	Quantité de gaz dégagé autour du fil en dixièmes de pouce cube.
1/2 ligne soit	12 l.	carrées	15°	2 1/2
1 l.	24 l.	c.	17°	3
3 l.	72 l.	c.	20°	3 1/2
6 l.	144 l.	c. (il n'y a plus de gaz sur la lame.)	20°	4
12 l.	288 l.	c.	20°	4
24 l.	576 l.	c.	20°	4

TROISIÈME EXPÉRIENCE.

Mêmes conditions que pour les précédentes, sauf que la solution était un mélange de 4 parties en volume d'acide sulfurique, et de 1 d'eau distillée.

Degré d'enfoncement de la lame.		Température de l'hélice.	Quantité de gaz dégagé autour du fil en dixièmes de pouce cube.
1/2 ligne	(gaz sur la lame.)	18°	1 1/2
1 l.	(idem.)	19°	2
2 l.	(idem.)	24°	3
3 l.	(encore un peu de gaz.)	25°	3 1/2
6 l.	(point de gaz.)	25°	3 1/2
12 l.	(idem.)	25°	3 3/4
24 l.	(idem.)	25°	4.

Dans toutes ces expériences le mélange gazeux développé autour du fil et recueilli dans le tube, a détoné sans laisser de résidu; preuve qu'il était un mélange d'hydrogène et d'oxygène, dans les proportions qui forment l'eau.

J'ai ensuite substitué au fil de platine une seconde lame du même métal; cette lame avait 11 lignes de largeur; en l'enfonçant dans le liquide de 4 lignes, ce qui faisait une surface totale de contact de 88 lignes carrées (en tenant compte des deux faces), on n'avait plus de dégagement de gaz, et l'hélice métallique indiquait une température de 46°. La grande plaque de platine plongeait dans le liquide complétement, c'est-à-dire qu'elle était enfoncée de 24 lignes. On se servit également comme liquides conducteurs, des mêmes solutions acides dont on avait fait usage dans les précédentes expériences.

Les résultats que nous venons de rapporter ont ceci de remarquable, qu'ils nous montrent l'existence d'un courant qui, assez fort pour produire malgré son trajet à travers un liquide une élévation de température de 46° dans l'hélice métallique, est incapable de décomposer ce liquide, quoiqu'il suffise en général d'un courant bien plus faible pour décomposer une solution d'acide sulfurique, et surtout d'acide nitrique. Ce qui affaiblit et même fait cesser ici ce pouvoir décomposant du courant, c'est l'augmentation des surfaces de contact entre les lames métalliques qui le conduisent, et le liquide qu'il est appelé à traverser, circonstance qui, au contraire, accroît son intensité calorifique, et qui, lorsqu'il s'agit de courants voltaïques, accroît aussi leur intensité chimique. Cette différence n'est pas la seule qui distingue à cet égard les courants voltaïques des courants magnéto-électriques. Ces derniers présentent une limite dans l'accroissement de leur intensité calorifique, limite qui résulte pour eux d'une augmentation d'étendue dans la surface de contact des conducteurs métalliques et du conducteur liquide; c'est ce qu'on peut voir dans les tableaux qui précèdent. Au moment où ces surfaces de contact sont devenues telles, qu'on n'y peut plus observer de dégagement de gaz, le courant a atteint son maximum d'intensité calorifique ; on a beau les augmenter, on ne diminue pas, il est vrai, cette intensité, mais on ne l'accroît pas.

Il y a plus ; si l'on se borne à augmenter la surface de contact de l'un des conducteurs métalliques sans modifier celle de l'autre (comme dans les trois premières expériences) , on observe que la quantité de gaz développée autour du conducteur métallique dont la surface reste constante, suit exactement dans son accroissement la même marche que l'intensité calorifique du courant, et qu'elle atteint sa limite au même instant. On n'a jamais observé de semblables limites avec les courants voltaïques, et on a au contraire toujours remarqué que plus on augmentait les surfaces de contact entre les conducteurs métalliques et liquides, plus aussi on augmentait l'intensité, soit chimique, soit calorifique du courant. D'où peut donc venir cette différence entre ces deux espèces de courants , ainsi que celle que nous avons signalée en premier lieu, savoir l'absence avec les courants magnéto-électriques de dégagement gazeux, quand la surface métallique en contact avec la solution conductrice , dépasse une certaine limite de grandeur ?

Pour expliquer cette double différence, il faut partir du principe établi directement par l'expérience, que l'action chimique développe dans la pile une quantité d'électricité énorme, comparée à celle qui est produite par induction dans les circuits magnéto-électriques. Or dans les cas où les deux espèces de courants sont transmis à travers un liquide très-bon conducteur, au moyen de lames métalliques en contact avec lui, la proportion de l'électricité totale qui passe à travers le conducteur liquide, est beaucoup moindre pour les courants voltaïques que pour les courants magnéto-électriques. En augmentant la surface métallique en contact avec le liquide, on accroît, il est vrai, pour les uns et pour les autres, la partie transmise ; mais on arrive bien vite à une surface d'une grandeur telle, que tout le courant magnéto-électrique passe ; on est assuré d'avoir atteint cette surface limite quand on voit que, lors même qu'on l'augmente encore, il n'en résulte aucun accroissement dans l'intensité du courant. Avec les courants voltaïques, il ne peut en être de même; quelque faibles qu'ils soient, la source d'où ils proviennent développe tellement d'électricité, qu'il est presque impossible d'avoir une surface métallique en contact avec le conducteur liquide, assez considérable pour qu'ils soient transmis en entier ; en augmentant l'étendue de cette surface, on augmente aussi constamment la proportion du courant transmis, et par conséquent son intensité. Il serait possible peut-être d'atteindre aussi pour les courants voltaïques la limite au-delà de laquelle un accroissement dans la surface de contact n'augmenterait plus leur intensité; mais, ainsi que quelques essais me l'ont prouvé, il faut pour cela et des piles excessivement faibles, et des surfaces métalliques d'une très-grande étendue.

Ainsi l'existence d'une limite rapprochée pour les courants magnéto-électriques, s'explique par l'intensité originelle de ces courants, beaucoup moindre que celle des courants voltaïques ou hydro-électriques. C'est aussi à la même cause qu'on doit attribuer la différence que présentent les deux espèces de courants, quant à l'action qu'exerce sur eux l'interposition de diaphragmes métalliques dans les liquides qu'ils traversent. Si la surface de contact de ces diaphragmes avec le liquide est assez considérable pour que tout le courant magnéto-électrique soit transmis (ce qui était le cas dans les expériences du § 3), ils ne doivent produire aucune diminution sur l'intensité de ce courant; mais il n'en est plus de même pour les courants voltaïques qui exigent une surface de contact infiniment plus considérable pour être transmis en totalité.

Enfin une fois qu'on a atteint pour les courants magnéto-électriques la surface de contact limite, c'est-à-dire celle qui transmet tout le courant, on s'aperçoit que si on la dépasse, ces courants ne produisent plus de décompositions chimiques. Mais remarquons aussi que les courants n'éprouvent alors plus de gêne dans leur passage. Il en serait donc des effets chimiques du courant comme de ses effets calorifiques; ils ne se manifesteraient qu'autant que le courant serait gêné dans son passage, et dans les points où il éprouverait cette gêne. De même qu'en augmentant le diamètre des fils métalliques traversés par un courant, on facilite sa propagation, et par là on diminue ou on annule ses effets calorifiques, de même, en augmentant la surface de contact entre un liquide et les métaux qui mettent ce liquide dans le circuit, on finit par annuler les propriétés chimiques du courant. Ce qu'il y a de certain, c'est que ces propriétés se manifestent toujours aux points où le courant

4

éprouve le plus de résistance, et par conséquent dans les surfaces de contact des conducteurs hétérogènes; qu'elles cessent, ainsi que nous l'avons vu plus haut pour les courants magnéto-électriques, lorsque la surface de contact est devenue assez étendue pour que la résistance qu'éprouve le courant ne soit pas là plus grande que dans tout le reste du circuit. Il y a plus; le même courant qui ne produit point de décomposition chimique, quand il est transmis à travers une surface de contact d'une grandeur suffisante, en produit dans une autre partie du même circuit où la surface de contact entre les deux conducteurs hétérogènes est moindre.

Avec des courants voltaïques très-faibles, on voit bien aussi qu'au delà d'une certaine limite, la quantité de gaz produite par la décomposition du liquide que traverse le courant, ne s'accroît pas, mais diminue quand on augmente les surfaces de contact; toutefois, je n'ai pas pu parvenir à donner à ces surfaces une étendue telle, qu'il n'y eût plus du tout dégagement de gaz, ou, ce qui revient au même, d'après ce que nous venons de dire, qu'il n'y eût plus de gêne pour le courant transmis. En faisant communiquer l'un des pôles d'une pile très-faible avec une lame de platine de deux pouces carrés de surface, et l'autre pôle avec un simple fil, j'ai bien remarqué l'absence de gaz sur la lame, tandis qu'il y en avait sur le fil; mais comme le gaz dégagé était seulement de l'hydrogène ou de l'oxigène, suivant que le fil communiquait avec le pôle négatif ou avec le pôle positif, et non pas un mélange de ces deux gaz, j'en ai conclu que le gaz qui aurait dû se développer sur la lame, restait probablement dissous dans le liquide, ou s'échappait en bulles si fines, à cause de la grande surface sur laquelle il se dégageait, qu'il était imperceptible. Ce point, du reste, mérite d'être de nouveau examiné, et je compte y revenir incessamment en l'étudiant surtout en vue des courants voltaïques et de l'influence que peut exercer sur le phénomène, non-seulement l'étendue, mais la nature différente des conducteurs liquides et métalliques en contact, à travers lesquels le courant est transmis, et où s'opère la décomposition chimique (1).

Nous signalerons encore, avant de terminer ce paragraphe, l'influence que peut exercer sur la transmission du courant magnéto-électrique dans un liquide, la forme de la surface du conducteur métallique en contact avec ce liquide.

Une solution de 9 parties en volume d'eau et de 1 d'acide sulfurique, fut mise dans le circuit magnéto-électrique, d'une part au moyen d'une lame de platine d'un pouce carré de surface, d'autre part au moyen de conducteurs en platine dont on pouvait varier la forme. On obtint constamment un courant capable d'élever de 42° l'hélice du thermomètre métallique, en donnant les dimensions suivantes à ce conducteur de platine de forme variable, toutes les autres circonstances restant les mêmes :

----

(1) Depuis que j'ai achevé ce Mémoire, dont l'impression a été retardée, M. Matteucci est parvenu, en donnant une étendue suffisante aux lames métalliques, au moyen desquelles il faisait passer le courant d'une pile faible à travers un liquide, à faire cesser toute décomposition chimique de ce liquide, tandis qu'avec des lames plus étroites, la décomposition avait lieu dans les mêmes circonstances. (Voyez le *Mémoire* de M. Matteucci *sur la propagation du courant électrique dans les liquides*, p. 7.)

1° Sphère de platine de .... 200 l. c. de surface.
2° Lame de platine, épaisse de 1/2 ligne de .... 108 l. c.   »
3° Lame de platine épaisse de 1/4 de ligne et de .... 144 l. c.   »
4° Lame de platine très-mince, et de .... 240 l. c.   »
5° Lame de platine encore plus mince de .... 256 l. c.   »

Dans l'évaluation de la surface des lames, on a tenu compte des deux grandes faces, mais non des arêtes ; si on ajoute la surface des arêtes pour les lames dont l'épaisseur est appréciable, il en résulte que la surface totale de la lame épaisse de 1/2 ligne, était de 123 l. c., et celle de la lame épaisse de 1/4 de ligne, de 153 l. c. On obtenait aussi un courant de 42° d'intensité, en employant, au lieu des lames de platine, un morceau d'éponge de platine, formant un prisme de 3 l. de hauteur sur 2 de largeur et 1 d'épaisseur, ce qui faisait une surface totale extérieure de 22 l. c. seulement, tout compris. Mais, vu la contexture poreuse de l'éponge, le nombre des points de contact du métal avec le liquide ne pouvait pas être celui de sa surface extérieure.

Il semblerait donc résulter des expériences qui précèdent, que les conducteurs métalliques qui transmettent le mieux le courant dans un liquide, c'est-à-dire qui, pour transmettre le même courant, ont besoin du moindre nombre de points de contact avec le liquide, sont ceux qui, comme les lames épaisses, formant des espèces de prismes, présentent le plus d'arêtes, tandis que ceux qui le transmettent le moins bien sont les lames minces qui présentent un nombre moitié moindre d'arêtes ; la forme sphérique serait à cet égard inférieure à celle de lame

épaisse, supérieure à celle de lame mince, et l'état d'éponge serait de beaucoup le plus favorable.

Il se pourrait, comme nous le verrons plus loin, qu'une légère action chimique, qui peut dans quelques cas avoir lieu sur
la partie de la surface du platine en contact avec le liquide dans
lequel elle transmet le courant magnéto-électrique, ne fût pas
sans quelque influence dans la production des phénomènes qui
ont fait l'objet de ce paragraphe.

§ 5. *Phénomènes particuliers que présente la surface des
métaux qui ont servi à mettre les liquides dans le circuit
magnéto-électrique.*

En décomposant longtemps de suite de l'eau acidulée par le
courant magnéto-électrique, transmis dans le liquide au moyen
de deux fils de platine toujours les mêmes, je fus frappé de voir
la quantité de gaz, dégagée dans un temps donné, diminuer considérablement, et finir par devenir nulle. Le temps pendant
lequel il fallait que la décomposition eût duré pour obtenir ce
résultat, variait avec différentes circonstances dont nous parle-
rons plus bas. Cependant, quoique la décomposition n'eût plus
lieu, ou n'eût lieu que très-faiblement, le courant n'avait nullement perdu de son intensité ; c'est ce que prouvaient les indications du galvanomètre magnétique, et celles de l'hélice métallique, placés l'un et l'autre dans le circuit.

Après avoir interrompu le courant, je retirai les fils de platine, et je les trouvai recouverts, dans la partie de leur surface
qui avait été en contact avec le liquide, d'une couche mince

d'une poudre noire impalpable, tout à fait semblable à la poudre noire de Liebig, qui, comme on le sait, n'est que du platine métallique excessivement divisé.

Chauffé à la flamme d'une lampe à alcool, cette couche reprenait l'aspect blanc du platine non poli; frottée avec le brunissoir, sans avoir été échauffée, elle redevenait parfaitement
semblable au platine. Un fil de platine recouvert de cette couche noire, introduit dans un mélange explosif d'hydrogène et
d'oxigène, déterminait immédiatement la combinaison des gaz.
La couche résistait à l'action prolongée de tous les acides, qui
ne pouvaient ni la faire disparaître, ni l'altérer; l'eau régale
seule la dissolvait au bout d'un certain temps.

Il est évident, d'après ce qui précède, que la couche noire
était du platine métallique très-divisé que les courants magnéto-
électriques avaient, soit directement, soit par une action indirecte, détaché de la surface des fils. Ceux-ci, en effet, après
qu'on avait enlevé de leur surface la poudre noire, étaient moins
pesants que lorsqu'on les avait introduits dans le liquide pour
qu'ils servissent de conducteurs aux courants magnéto-électriques. Un fil de platine perdit dans cette circonstance, après
qu'on l'eût dépouillé de la couche noire qui s'était formée sur
sa surface, sept milligrammes de son poids; il n'avait plongé
dans le liquide que sur une longueur de dix-huit lignes.

J'ai répété la même expérience un très-grand nombre de fois
avec des fils de platine de différents diamètres et de différentes
longueurs, et en les plongeant soit dans des acides concentrés,
soit dans des acides étendus, soit même dans des solutions salines et alcalines. J'ai toujours, au bout d'un temps plus ou

moins long, vu les fils de platine se recouvrir de la poudre noire de platine métallique, sauf dans les cas où, par l'effet de l'emploi de solutions d'acide hydrochlorique ou d'hydrochlorates, le platine pouvait être attaqué par le chlore. Dans ces cas, la couche noire ne restait pas sur les fils de platine, dont la surface prenait un aspect dépoli qui prouvait qu'elle avait été attaquée.

La rapidité avec laquelle la couche noire se formait, paraissait dépendre de la conductibilité plus ou moins grande du liquide dans lequel les fils plongeaient. Cependant l'état de la surface des fils, au moment où on les plongeait dans le liquide, m'a toujours paru exercer à cet égard une influence encore plus grande que la nature même du liquide. Les fils qui avaient déjà servi longtemps et plusieurs fois à la décomposition opérée par les courants voltaïques, ceux qui avaient longtemps trempé dans les acides très-purs, et qui avaient été ensuite convenablement lavés dans l'eau distillée, étaient ceux sur lesquels la couche noire se formait le plus vite. En faisant rougir les fils à la flamme d'une lampe à alcool, et en les laissant refroidir ensuite tranquillement, on les rendait moins propres à la production du phénomène. En général, toutes les circonstances qui rendent la surface de platine capable de déterminer avec le plus de facilité la combinaison de l'hydrogène et de l'oxigène dans le mélange explosif, m'ont paru être aussi les mêmes qui rendent ce métal susceptible de se couvrir le plus rapidement de la poudre noire, quand il sert de conducteur dans un liquide aux courants magnéto-électriques.

Je viens d'exposer en détail les faits qui concernent le platine; les autres métaux donnent, dans les mêmes circonstances,

des résultats à peu près semblables en tout point. L'or se recouvre d'une pellicule verte ; le palladium présente une couche
d'un bleu noirâtre. J'avais soin de placer ce dernier métal,
comme l'or et le platine, dans une solution qui ne pût l'atta-
quer, tel que de l'acide sulfurique étendu d'eau. L'or et le palladium se recouvrent beaucoup plus facilement, et par conséquent beaucoup plus vite que le platine, de la couche métallique
à l'état de division. Je m'assurai, du reste, par les mêmes mesures, que cette couche était bien du métal très-divisé. Le brunissoir lui rend l'éclat métallique ; introduits dans le mélange explosif, le palladium et l'or, recouverts de leur couche divisée,
déterminent promptement la combinaison des gaz ; seulement
pour que l'or à l'état de division extrême puisse déterminer
cette combinaison, il faut que la température du mélange gazeux soit environ à 5o°. Enfin, l'acide nitrique pur est sans
action sur la couche qui recouvre l'or, ce qui n'aurait pas lieu
si cette couche n'était pas de l'or à l'état parfaitement métallique.

Dans le but d'étudier, sous un autre rapport, les phénomènes que je viens de décrire, et de m'assurer encore mieux que
la couche qui recouvre le platine, l'or et le palladium, quand
ces métaux ont servi pendant quelque temps à conduire les
courants magnéto-électriques dans un liquide, est bien le métal
lui-même amené à l'état de division extrême, mais pur et sans
mélange d'oxide, j'ai fait les expériences qui suivent. J'ai introduit dans un verre, au moyen de deux trous percés dans sa
partie inférieure, deux fils de platine, de façon que la portion
de ces fils qui avait pénétré dans le verre fût entièrement re-

couverte du liquide conducteur. Ces deux fils, placés à une petite distance l'un de l'autre, servaient à transmettre dans le liquide les courants magnéto-électriques. Ces courants déterminaient en commençant une production abondante de gaz provenant de la décomposition de l'eau. On recevait tout ce produit gazeux dans un tube gradué, placé au-dessus des fils, de manière à ne pas laisser échapper une bulle de gaz. En même temps que je recueillais et mesurais les gaz dégagés pendant l'opération, j'observais avec soin les indications de l'hélice métallique placée dans le circuit. J'ai fait les mêmes expériences en remplaçant les fils de platine par des fils d'or. Voici les résultats :

PREMIÈRE EXPÉRIENCE.

Fils de platine dans l'acide nitrique étendu de quatre fois son volume d'eau.

Temps écoulé.	Température de l'hélice.	Quantité de gaz dégagée en dixièmes de pouce cube.	Quantité de gaz dégagée dans chaque minute successive.
1'	27°	4	4
2'	29°	7	5
3'	30°	9 1/2	2 1/2
4'	32°	12	2 1/2
5'	33°	13 1/4	1 1/4
6'	34°	14 3/4	1 1/2
7'	35°	16	1 1/4
8'	35°	17 1/4	1 1/4
10'	37°	19 3/4	1 1/4
15'	58°	25	1
16'	39°	25 3/4	3/4
17'	40°	26 1/4	1/2

Au bout de dix-sept minutes la température de l'hélice avait monté de 27° à 40°, et la quantité du gaz dégagé, qui était de quatre divisions dans la première minute de l'opération, n'était plus que d'une demi-division dans la dix-septième. Les fils étaient alors complétement recouverts de la couche noire; les courants magnéto-électriques se succédaient, comme dans les expériences suivantes, toujours avec la même vitesse de 27 par seconde. — On fit détoner les 26 1/4 divisions de gaz qu'on avait obtenues; la détonation eut lieu sans laisser aucun résidu, preuve que le produit gazeux était un mélange d'hydrogène et d'oxigène dans les proportions qui forment l'eau, et que par conséquent il n'y avait point eu dans l'opération d'oxigène absorbé.

SECONDE EXPÉRIENCE.

Fils d'or dans l'acide nitrique étendu de neuf fois son volume d'eau.

Temps écoulé.	Température de l'hélice.	Quantité de gaz dégagée en dixièmes de pouce cube.	Quantité de gaz dégagée dans chaque minute successive.
1'	34°	7	7
2'	38°	12 1/2	5 1/2
3'	38°	17	4 1/2
4'	42°	21 1/4	4 1/4
5'	43°	25	3 3/4
6'	44°	28 1/2	3 1/2
7'	45°	31 3/4	3 1/4
8'	46°	35	3 1/4
9'	46°	38	3
10'	46°	40 1/2	2 1/2

A partir de 10′ j'ai obtenu constamment, en continuant l'expérience, 46° de température à l'hélice métallique, et 2 1/2 divisions de gaz par minute. En faisant détoner, à plusieurs reprises, le mélange gazeux, je n'ai jamais obtenu de résidu sensible, sauf quelques légères traces d'hydrogène, qui indiquaient qu'il y avait eu une faible oxidation de l'or.

En comparant la seconde expérience avec la première, on remarquera que, quoique la solution fût plutôt moins conductrice, le courant qui passait par les fils d'or était plus énergique, puisque à la fois il donnait plus de gaz dans le même temps, et élevait davantage la température de l'hélice. Cet effet provient de ce que, toutes les circonstances restant les mêmes, les courants passent plus facilement de l'or que du platine dans un liquide conducteur. Une autre différence entre les deux expériences, c'est que dans la première, au bout d'un certain temps, le dégagement gazeux devient presque nul après avoir diminué d'une manière constante, tandis que dans la seconde on arrive assez promptement, au bout de dix minutes, à un point où le dégagement, après avoir rapidement décru, devient constant sans être nul. Il est en effet de 2 1/2 divisions par seconde.

J'ai encore fait d'autres expériences semblables, soit avec les fils de platine, soit avec les fils d'or, en faisant usage de différentes solutions conductrices. Avec de l'acide sulfurique étendu de neuf fois son volume d'eau, les fils d'or ont dégagé moins de gaz, et élevé plus haut la température de l'hélice. Ainsi, au bout de 18′ ils n'avaient produit que dix-neuf divisions de gaz, et avaient amené à 50° la température de l'hélice. En outre, la quantité de gaz dégagée, qui avait été constamment en diminuant, n'était plus, au bout des dix-huit minutes, que de 1/4 de division par minute, c'est-à-dire à peine sensible. Les fils de platine dans la solution d'acide sulfurique finissaient aussi, au bout d'un certain temps plus long que pour les fils d'or, par ne plus dégager de gaz, et par donner en même temps une température *maximum* à l'hélice placée dans le circuit.

Je n'ai point réussi à noircir des lames de platine; peut-être n'ai-je pas prolongé assez longtemps l'action des courants magnéto-électriques; toutefois j'ai obtenu facilement la couche de métal divisée dans la totalité de la surface de deux fils de platine longs de six pouces et de demi-ligne de diamètre, ainsi que sur des fils fins tournés en hélice, et présentant un développement de plus d'un pied. Des lames d'or et surtout de palladium, se couvraient facilement de la couche en question. Je n'ai pas besoin de dire que dans toutes les expériences qui précèdent j'ai employé des métaux et des liquides aussi purs que possible.

Je n'entrerai pas dans plus de détails sur les expériences qui précèdent; je passerai immédiatement aux conséquences qu'on peut tirer des faits que je viens de signaler, et à l'examen des questions qu'ils soulèvent. Cet examen m'amènera à citer quelques autres expériences auxquelles il m'a naturellement conduit.

Avant de chercher à me rendre compte de la formation de la couche divisée, j'ai voulu examiner pourquoi, à mesure que cette formation avait lieu, le dégagement des gaz diminuait, tandis que d'un autre côté les courants transmis augmentaient d'intensité, ainsi que le prouvaient les indications de l'hélice métallique placée dans le circuit. L'absence ou la diminution

du dégagement gazeux est-elle due à ce que la couche pulvéru-
lente, en augmentant les points de contact du métal avec le liquide, produit le même effet que l'augmentation de la surface
des lames qui conduisent le courant dans le liquide, effet que
nous avons étudié dans le § précédent ? N'est-elle point due
peut-être à ce que l'oxigène et l'hydrogène, provenant de la
décomposition que les courants dans cette hypothèse con-
tinueraient à opérer, arrivent presque en même temps sur
les fils, et se recombinent pour former l'eau par l'influence
de la couche métallique divisée ? Il m'est impossible encore de
me décider d'une manière parfaitement prononcée pour l'une
ou l'autre de ces deux explications ; toutefois je suis fort disposé
à admettre la première, c'est-à-dire, qu'il n'y a pas de décomposition du liquide quand on n'aperçoit plus de dégagement
gazeux. Je vais donner les motifs sur lesquels je me fonde ; je
signalerai plus tard les faits qui me laissent cependant encore
quelque doute à cet égard.

Avec de l'éponge de platine, substituée au fil de platine, je
n'ai jamais aperçu que les courants magnéto-électriques, quelle
que soit la lenteur avec laquelle ils se succèdent, puissent donner naissance au plus léger dégagement gazeux ; il n'y a donc
pas, dans ce cas, recomposition des gaz, pas plus qu'avec les
lames ; or, l'état d'éponge est pour le platine celui dont approche le plus, sans être cependant aussi parfait, le platine recouvert de la couche extrêmement divisée. Il en résulte que si les
choses se passent dans le premier cas d'une certaine manière,
elles doivent se passer de même dans le second.

Ce n'est pas tout : si l'absence ou la diminution du dégagement gazeux n'était due qu'à la recomposition des gaz, et que du reste les courants produisissent les mêmes effets , pourquoi verrait-on ces courants augmenter sensiblement d'intensité, comme le prouvent les indications de l'hélice thermométrique, à mesure qu'il y a moins de gaz développé ? Cette marche inverse des deux genres d'effets des courants est si marquée, qu'on l'observe dans tous les cas ; ainsi, par exemple, on a vu avec les fils d'or, dans l'acide sulfurique étendu , une production moins abondante de gaz , mais par contre un développement plus grand de chaleur qu'avec les fils d'or plongés dans l'acide nitrique étendu. On a vu aussi que lorsqu'il n'y a plus de dégagement de gaz, ou que lorsque ce dégagement est devenu constant, la température de l'hélice a atteint son maximum. Or, si la quantité de gaz dégagée demeurait toujours constante, et que simplement il y eût recomposition de ces gaz en plus ou moins grande proportion, on ne verrait pas pourquoi l'effet calorifique varierait de son côté ; tandis qu'on comprend facilement que, à mesure que les courants magnéto-électriques passent plus facilement dans le liquide, et produisent par conséquent une décomposition moindre, à mesure aussi ces courants doivent produire plus d'effet sur l'hélice métallique qu'ils traversent.

J'ajouterai encore un fait à l'appui de l'opinion qu'il n'y a pas décomposition du liquide quand il n'y a pas de dégagement gazeux. On sait que l'élévation de température augmente la conductibilité des liquides ; il est probable que cet effet est dû à ce que la chaleur favorise leur décomposition. Or, je me suis assuré que, avec les courants magnéto-électriques, l'élévation de température n'augmente la conductibilité des liquides que dans le cas où il y a dégagement de gaz ; dans le cas où ce dégagement n'a pas lieu, soit parce que les conducteurs métalliques sont des lames, soit parce qu'ils sont des fils recouverts de la poudre métallique très-divisée ; dans ce cas, dis-je, la chaleur n'augmente pas la conductibilité du liquide. Il faut donc qu'entre ce cas et le premier il y ait quelque différence, et cette différence, c'est qu'il n'y a pas décomposition du liquide dans le second cas. Voici le résultat de l'expérience que j'ai faite sur ce point :

Fils de platine servant de conducteurs aux courants magnéto-électriques, plongés dans de l'acide sulfurique étendu de neuf fois son volume d'eau.

Température du liquide en degrés Réaumur.	Température de l'hélice placée dans le circuit.
13°	30° dégagé.
31°	40°
40°	43°
60°	45°
70°	48°
75°	50°
80°	52°
90°	54° (fils très-noircis, dégagement du gaz complétement nul.)
90°	45° (fils dépouillés de la couche noire, dégagement du gaz abondant.)
70°	47°
50°	50°
45°	51°
26°	54° (fils très-noircis, dégagement de gaz nul.)
26°	40° (fils dépouillés de la couche noire, dégagement de gaz abondant.)

Ainsi, quand les fils sont recouverts de la couche noire, et

qu'il n'y a pas le moindre dégagement de gaz, le liquide conduit le courant également bien, que sa température soit 26° ou
90°; l'hélice métallique indique en effet dans les deux cas 54°.
Quand au contraire les fils sont dégagés et dépouillés de la couche de métal divisée, le liquide conduit moins bien le courant si
la température est basse que si elle est élevée; ainsi, à la température de 90° l'hélice marque 45°, et seulement 40° à la température de 26°. — J'observerai encore sur le tableau qui précède, que la marche rapidement ascendante, pendant le réchauf-
fement du liquide, des degrés de l'hélice métallique, ou ce qui
revient au même, de l'intensité du courant, provient de deux
causes : 1° de l'élévation de la température du liquide qui le
rend meilleur conducteur tant qu'il y a décomposition; 2° surtout de la formation sur la surface des fils de la couche noire
qui facilite le passage des courants magnéto-électriques.—Quant
à la marche croissante, pendant le refroidissement du liquide,
à partir du moment où les fils ayant été décapés, l'hélice n'indique plus que 45° au lieu de 54°, elle est due uniquement à la
formation de la couche noire, puisque, lorsque le liquide est
parvenu à la température de 26°, en enlevant cette couche on
ne trouve, pour la température de l'hélice, que 40° au lieu de
54ᶜ qu'on avait avant d'avoir enlevé la couche.

J'ai substitué dans les expériences qui précèdent deux grandes lames de platine aux deux fils, de manière à n'avoir pas la
plus légère trace de décomposition, même dès le commencement.
Mettant toujours l'hélice dans le circuit, j'ai trouvé qu'elle indiquait le même degré de température, savoir 93°, que le liquide conducteur interposé entre les lames de platine fût à la

température de 27° ou à celle de 90° R. Ce liquide était toujours de l'acide sulfurique très-pur, étendu de neuf fois son volume d'eau, et formait une couche épaisse seulement de trois à quatre lignes entre les deux lames.

L'expérience que je viens de rapporter prouve donc que, lorsqu'il n'y a pas de décomposition du liquide, l'élévation de température de ce liquide n'augmente pas sa conductibilité pour les courants magnéto-électriques. Jointe à la précédente, elle démontre par conséquent que, puisque la chaleur est sans influence sur la conductibilité du liquide, quand les courants magnéto-électriques y sont transmis par des fils recouverts de leur couche métallique très-divisée, il n'y a pas non plus dans ce cas décomposition du liquide.

Je passe maintenant à l'examen des causes auxquelles est due la formation de cette couche métallique très-divisée, sur la surface des fils qui servent à conduire des courants magnéto-électriques dans des solutions conductrices.

On peut se demander, si cet effet ne provient pas de l'ébranlement mécanique que le passage discontinu et fréquemment répété de courants alternativement contraires, détermine sur les molécules de la surface des fils métalliques d'où ils sortent pour pénétrer dans le liquide. On conçoit en effet que la succession très-rapide de ces courants instantanés et contraires puisse opérer graduellement la désagrégation des molécules tiraillées ainsi tantôt dans un sens, tantôt dans un autre. La vivacité des secousses qu'on éprouve en servant soi-même de conducteur aux courants magnéto-électriques, semblerait favorable à cette opinion, que confirmerait encore la propriété bien connue des cou-

rants électriques et surtout des courants instantanés, de produire des effets mécaniques, et en particulier, comme l'a dé-
montré **M. Fusinieri**, de détacher et de transporter des particules métalliques. Dans les phénomènes qui nous occupent il
n'y a point de transport, il n'y a que désagrégation; car en se
servant, pour conduire les courants, de deux fils métalliques de
nature différente, par exemple d'un fil d'or et d'un fil de platine, on ne trouve jamais dans la couche divisée qui recouvre
chaque fil, que des molécules de même nature que celles dont
le fil est formé.

Les ébranlements dont nous venons de parler ne sont pas une
pure hypothèse. Ainsi, quand on remplace, pour conduire dans
un liquide des courants magnéto-électriques, l'un des fils métalliques par du mercure, on voit la surface de ce métal éprouver une agitation considérable de même genre que celle qu'il
manifeste quand il sert de pôle négatif à une pile, mais présentant d'une manière bien plus évidente les caractères d'un mouvement vibratoire. Il suffit, pour faire réussir cette expérience,
de placer au fond d'un verre une couche de mercure de quelques
lignes d'épaisseur, de la recouvrir d'une couche d'acide sulfurique étendu de neuf fois son volume d'eau, et de plonger dans
cet acide sulfurique un fil vertical de platine, dont l'extrémité
inférieure soit très-rapprochée de la surface du mercure, sans
toutefois la toucher. Aussitôt que l'on fait passer les courants
magnéto-électriques par ce système de conducteurs, on voit le
mercure s'agiter et prendre un mouvement vibratoire exactement semblable à celui qu'il affecte quand on fait vibrer les bords
du verre dans lequel il est renfermé; ce sont des ondes partant

du centre, et dont la forme circulaire, polygonale ou elliptique dépend du contour du vase. Le phénomène reste le même que le fil de platine soit placé au centre du vase ou plus près de ses bords, pourvu que son extrémité inférieure soit toujours très-rapprochée de la surface du mercure, sans toutefois la toucher. Indépendamment des ondulations, on observe sur cette surface des courants rapides qui se manifestent aussi de temps à autre dans la solution acide; ces courants tout à fait analogues à ceux qui ont lieu dans les mêmes circonstances avec la pile voltaïque, semblent être dus à la communication du mouvement vibratoire dont le mercure est animé.

Un autre genre de mouvements vibratoires, auquel donnent naissance les courants magnéto-électriques, est celui qui se manifeste dans certains cas autour des fils métalliques qui conduisent ces courants dans un liquide acide ou salin. La manière de les observer le mieux consiste à se servir de deux fils d'argent, qu'on plonge dans une solution d'acide sulfurique; on voit autour de la partie de la surface des deux fils qui plonge dans le liquide une succession d'ondulations qui est d'autant plus rapide que les courants se succèdent avec plus de vitesse. Si on laisse une simple goutte de liquide entre les deux fils très-rapprochés, de façon qu'elle reste suspendue par l'effet de la capillarité, on aperçoit très-bien sur la goutte, dans la partie où elle est en contact avec les fils, le petit mouvement dont je viens de parler; des fils de cuivre et de plomb le présentent aussi, mais à un degré moindre que les fils d'argent. On peut aussi observer ce phénomène sur les fils d'or et de platine, mais seulement lorsque ces fils, par l'effet du passage prolongé des courants magnéto-électriques, ont été recouverts d'une couche épaisse du métal divisé. Dans ce dernier cas surtout ces mouvements moins prononcés se présentent sous la forme d'une alternative d'ombre et de lumière qui, apparaissant sur la surface même des fils, semble se propager dans la masse ambiante du liquide.

Je viens d'exposer les motifs qui sembleraient devoir nous faire attribuer à une cause mécanique, c'est-à-dire, à une espèce de désagrégation opérée par les courants magnéto-électriques, la formation d'une couche de métal très-divisée sur la surface des métaux qui servent à conduire ces courants dans les liquides. Toutefois il se présente une autre manière d'expliquer ce résultat; elle est basée sur l'observation de ce qui se passe quand on se sert de métaux autres que le platine, l'or et le palladium.

En employant des fils d'argent pour conduire les courants magnéto-électriques dans de l'acide sulfurique étendu de neuf fois son volume d'eau, on trouve, au bout de peu de temps, ces fils recouverts d'une couche d'argent très-divisée. Pendant l'opération, il se dégage une très-petite quantité de gaz sur la surface des fils; et ce qu'il y a de curieux, c'est que le dégagement n'est point le même sur les deux fils: il a lieu plus fortement tantôt sur l'un, tantôt sur l'autre. Si l'on recueille la petite quantité de gaz qui est développée, on trouve que c'est de l'hydrogène, ce qu'on peut attribuer à la formation d'un peu de sulfate d'argent qui reste dans le liquide. Des fils de cuivre, substitués aux fils d'argent, se recouvrent aussi d'une couche de cuivre à l'état de grande division, mais parfaitement métallique. Il se dégage encore moins de gaz dans ce cas que dans le précédent. Avec des fils de plomb les choses se passent encore de même.

La formation de la couche métallique divisée est évidemment due, quand on se sert de fils d'argent, de cuivre ou de plomb, à la succession des oxidations et des désoxidations qui ont lieu sur la surface de ces métaux. En effet, chacun des fils conducteurs des courants magnéto-électriques reçoit successivement l'oxigène et l'hydrogène de l'eau décomposée par ces courants. Cette succession a lieu très-rapidement, de sorte qu'aussitôt oxidée la surface de ces métaux est désoxidée par l'hydrogène qui y arrive, et il en résulte l'effet observé. On peut produire le même effet en se servant, pour conduire dans une solution conductrice le courant d'une pile voltaïque, de fils métalliques d'argent, de cuivre ou de plomb; si l'un des fils après avoir été quelques instants mis en communication avec le pôle positif, devient pôle négatif, on le trouve recouvert de la couche métallique très-divisée. L'oxide qui s'est formé à sa surface pendant qu'il était pôle positif, est réduit par l'hydrogène quand il est au pôle négatif, et le métal paraît parfaitement pur, mais très-divisé.

On peut se demander si ce qui se passe avec les métaux dont nous venons de parler peut aussi avoir lieu avec le platine, l'or et le palladium. Il faudrait, pour cela, admettre que ces métaux peuvent s'oxider à l'instant où l'oxigène de l'eau décomposée par le courant se dégage à leur surface. On conçoit encore qu'il en puisse être ainsi pour l'or et le palladium; mais peut-on oser en dire autant pour le platine? Le temps qu'exige la production du phénomène quand on se sert du platine, la rapidité

avec laquelle il chemine quand la première couche divisée est
déjà formée sembleraient favorables à l'opinion qu'il y a eu oxidation du platine. Il suffit, en effet, d'une oxidation très-légère,
qui est immédiatement détruite par l'hydrogène, puis qui recom-
mence tout de suite après et ainsi de suite, pour expliquer comment, au bout de dix, de quinze et quelquefois de trente minutes, on voit se former la couche métallique divisée. Nous avons
vu que plus la surface du platine est propre et a été lavée avec
soin dans les acides, plus la couche se forme rapidement; or on
conçoit en effet que la circonstance que nous venons d'indiquer
doive favoriser l'oxidation du métal. C'est par le même motif
que le platine dont la surface est parfaitement propre détermine
aussi plus facilement la combinaison de l'oxigène et de l'hydrogène dans le mélange explosif; car s'il est vrai, comme je suis
porté à le croire, que la surface du platine puisse s'oxider, sous
l'empire de certaines circonstances, il n'y a pas de doute que la
combinaison des gaz que détermine le platine à l'état de poudre,
d'éponge ou de lame dont la surface est bien nette, ne pro-
vienne des oxidations et désoxidations successives qu'éprouve
très-rapidement le métal dans les divers états que je viens d'indiquer. Il en résulte formation de l'eau et élévation de la température; le platine s'échauffe, rougit, et sa chaleur réagit à
son tour pour déterminer subitement la combinaison de toute
la partie du mélange gazeux qui n'a pas encore été combinée.

L'explication qui précède ferait rentrer dans la même caté-
gorie d'effets les phénomènes que j'ai décrits dans ce §, et ceux
auxquels a donné naissance la découverte de Dœbereiner Ils dé-
pendraient les uns et les autres de ce principe, savoir : que les

métaux tels que le *platine*, l'*or* et le *palladium*, qui passent pour être, à leur état de pureté, des métaux non oxidables, sont cependant susceptibles d'être oxidés directement sous l'empire de certaines circonstances. Mais la facilité avec laquelle ils seraient désoxidés leur donnerait la propriété de déterminer, même à la température ordinaire, la combinaison de l'oxigène qui a été employé à les oxider, et de l'hydrogène qui a servi à les désoxider. On comprendrait aussi pourquoi, pour faciliter cette désoxidation, et par conséquent la combinaison des gaz, il faut, dans le cas où les métaux sont plus facilement oxidables, une élévation de température, comme l'ont prouvé les expériences de MM. Dulong et Thenard sur ce sujet. Je ne me permettrai point de décider si c'est un véritable oxide ou un simple sous-oxide qui se forme à la surface de ces métaux, qui passent pour non oxidables; il est probable que c'est plutôt un sousoxide. Je me bornerai seulement à signaler, en terminant ce paragraphe, quelques faits qui me paraissent favorables à l'opinion que le platine et l'or, même parfaitement purs, peuvent avoir quelquefois leur surface légèrement oxidée sans qu'on s'en aperçoive directement.

Après avoir lavé avec soin dans les acides et dans l'eau une lame de platine de deux à quatre pouces carrés de surface, je l'ai laissée exposée à l'air pendant quelques heures, puis je l'ai plongée dans une solution très-pure et légèrement concentrée d'acide sulfurique, en la mettant en communication avec le pôle négatif d'une pile faible, tandis que le pôle positif communiquait avec un fil de platine placé dans le même liquide. Aussitôt le circuit fermé, j'ai vu les bulles d'oxigène se dégager sur le fil;

mais les bulles d'hydrogène ne se sont montrées sur la lame que quelques secondes après; on a recueilli avec soin les gaz dégagés pendant l'opération, et après les avoir fait détoner on a trouvé un excès d'oxigène. Il est clair que les premières quantités d'hydrogène avaient été employées à désoxider la lame de platine. La quantité d'hydrogène qui est ainsi absorbée est d'autant plus considérable que la surface de la lame est plus grande, parce qu'il y a une surface d'autant plus grande à désoxider. Elle est encore plus considérable quand on remplace la lame par un morceau d'éponge de platine, qui a été de même lavé et séché lentement dans l'air. Tous ces effets n'ont plus lieu, et il n'y a plus absorption de l'hydrogène quand, au lieu de laisser tranquillement sécher dans l'air la lame ou l'éponge de platine, on les plonge dans le liquide à décomposer immédiatement après les avoir lavées; nouvelle preuve que pendant leur exposition à l'air, après avoir été lavées, elles s'oxident légèrement.

Je me suis servi de deux fils d'or pour décomposer par la pile une solution acide; chacun de ces fils a fait alternativement l'office de pôle positif et de pôle négatif; j'ai trouvé au bout de peu de temps celui qui avait communiqué le dernier avec le pôle négatif, recouvert de la couche métallique très-divisée; avec le palladium j'ai obtenu le même résultat. Je n'ai pas réussi avec les fils de platine; cela tient probablement à ce que je n'ai pas prolongé l'expérience assez longtemps, et surtout à ce que je n'ai pas alterné les pôles assez souvent.

Au reste, je reviendrai très-incessamment sur ce sujet, et j'espère, par de nouvelles expériences qui ne sont pas encore toutes terminées, ajouter de nouvelles preuves à celles que je viens de donner en faveur de l'oxidation possible des métaux qui passent pour non oxidables, par le seul fait de leur exposition à l'air, lorsqu'ils sortent d'une solution acide dans laquelle ils ont été lavés et plongés pendant quelque temps.

Je ne serais pas surpris que les mouvements vibratoires que j'ai observés sur la surface des fils qui conduisent les courants magnéto-électriques dans les liquides, ne fussent dus, en partie du moins, à la succession des oxidations et des désoxidations dont je viens de parler. Toutefois le fait du mouvement vibratoire si prononcé du mercure qui ne peut être expliqué évidemment par cette cause, la circonstance que le platine et l'or ne présentent le phénomène que lorsque leur surface est déjà recouverte d'une couche épaisse du métal divisé, me feraient présumer qu'il y a bien aussi un mouvement de vibration direct dû aux courants magnéto-électriques. Il serait bien possible que ce mouvement contribuât en même temps que la succession des oxidations et des désoxidations à la désagrégation des particules métalliques, et par conséquent que ce phénomène curieux dépendît à la fois des deux causes que j'ai signalées. Je suis cependant porté à attribuer une beaucoup plus grande influence à la seconde, c'est-à-dire à la succession des oxidations et des désoxidations.

7

§ 6. *Des effets auxquels donne lieu l'emploi simultané des conducteurs liquides et métalliques pour conduire les courants magnéto-électriques.*

Une large capsule de platine de six pouces de diamètre a été remplie d'acide sulfurique étendu de neuf fois son volume d'eau ; une lame de platine de quatre pouces carrés de surface a été plongée dans la solution ; une tige de platine fixée perpendiculairement à son centre, et qui servait à la soutenir, lui conservait une position horizontale dans le liquide ; on avait soin que ses bords ne fussent nulle part en contact avec la capsule. Les courants magnéto-électriques arrivant par la capsule et la lame de platine, traversaient la couche d'acide sulfurique étendu interposée entre elles ; l'hélice métallique, placée dans le circuit, indiquait une élévation de température de 82°.

Dans cette expérience, les courants magnéto-électriques ne pouvaient parvenir à l'hélice qu'en traversant le conducteur liquide. J'essayai, sans supprimer ce conducteur liquide, de faire arriver aussi les courants à l'hélice par l'intermédiaire d'un conducteur tout métallique. Voici comment je disposai l'expérience dans ce but : le circuit magnéto-électrique était formé d'abord d'un conducteur métallique aboutissant à l'une des extrémités de l'hélice thermométrique, puis de cette hélice elle-même dont l'autre extrémité était fixée à un second conducteur métallique ; ce dernier conducteur était mis en communication avec la fin du circuit au moyen de deux systèmes de conducteurs parallèles, savoir, d'une part la capsule et la lame de

platine avec la solution acide interposée, et d'autre part un fil tout
métallique. De cette façon les courants magnéto-électriques par-
venaient à l'hélice en traversant, une partie d'entre eux la couche d'acide sulfurique, l'autre partie le conducteur tout métallique. Ce conducteur nouveau, ajouté au premier qui n'avait
éprouvé aucun changement, devait, il semble, favoriser le passage des courants qui se dirigeaient vers l'hélice, et par conséquent élever sa température. En effet, cette hélice, placée dans
le circuit général, était toujours traversée à la fois par la portion des courants qui passaient à travers le liquide conducteur,
et par la portion qui passait à travers le fil métallique. Or, voici
quel fut le résultat des expériences que l'on fit en se servant de
fils métalliques de différentes natures et de différentes longueurs
pour ce second conducteur mis dans le circuit parallèlement au
conducteur liquide.

Un fil d'argent de 1/4 de ligne de diamètre et de 17 pouces
de longueur ne changea rien à l'intensité du courant, et l'hélice
métallique continua à indiquer 82°. En allongeant le fil on vit
la température de l'hélice s'abaisser; elle atteignit son minimum, c'est-dire 67°, quand la longueur fut d'environ douze
pieds. En donnant au fil une longueur encore plus considérable,
on parvint à augmenter de nouveau la température de l'hélice
qui revint à 76° quand le fil eut atteint une longueur de trente-
sept pieds. — Avec un fil de platine de même diamètre les résultats furent semblables. Seulement il fallut, dans chaque cas,
pour produire le même effet, donner au fil de platine des longueurs beaucoup moindres que celles qu'on avait données au
fil d'argent; ainsi, cinq pouces du premier produisaient le même

effet que dix-sept pouces du second, c'est-à-dire ne changeaient
rien à l'intensité du courant; on obtenait le minimum de 67°
avec une longueur de trois pieds au lieu de douze qui étaient
nécessaires avec l'argent. Enfin on retrouvait la température
initiale avec une longueur de douze pieds, au lieu de trente-
sept. Un fil de fer de même diamètre que les précédents exigeait
des longueurs encore moindres que le fil de platine pour produire les mêmes effets.

Avec des fils d'un très-petit diamètre les longueurs respectives étaient beaucoup moindres.

En général, les longueurs des fils qui donnaient le même résultat étaient en raison directe de la conductibilité de ces fils;
ceux qui étaient les plus conducteurs, soit à cause de leur nature, soit à cause de leurs dimensions, devaient être les plus
longs.

Les phénomènes que je viens de décrire rapidement me paraissent inexplicables dans la théorie qui considère le courant
électrique comme un fluide en mouvement. En effet, le galvanomètre calorifique reçoit le courant électrique par une voie;
sans enlever, sans modifier en aucune manière cette voie, on en
ajoute une seconde. Quel peut être l'effet de cette seconde voie?
Ou en facilitant l'écoulement du fluide, en faire arriver dans
le même temps une plus grande proportion à l'hélice, et par
conséquent élever sa température, ou bien si la première voie
est déjà parfaite, ne produire aucun résultat, et par conséquent
ne pas augmenter l'intensité du courant transmis. Mais comment concevoir qu'elle diminue cette intensité? Comment com-
prendre que deux conducteurs, entre lesquels le courant peut

se partager, conduisent moins bien qu'un seul lorsque leurs longueurs respectives sont dans un certain rapport; c'est ce qui ne me paraît explicable que dans la théorie des ondulations. En effet, dans cette théorie nous pouvons supposer, comme dans la lumière, qu'au moment où elle atteint l'hélice métallique, la portion du courant, transmise dans le fil d'argent, est en arrière d'une demi-ondulation sur celle transmise à travers le liquide, quand la longueur du fil d'argent est de douze pieds; que les deux courants, au contraire, sont d'accord quand le fil d'argent est long de dix-sept pouces, ce qui donnerait une longueur de 127 pouces pour la demi-ondulation, et par conséquent d'environ 254 pouces pour l'ondulation entière dans un fil d'argent d'un quart de ligne de diamètre. — Toutefois, comme les limites sont très-peu tranchées, il est difficile d'assigner des longueurs bien exactes.

Si l'hypothèse d'un mouvement ondulatoire était admise pour expliquer la propagation du courant électrique, les expériences que j'ai citées prouveraient que les ondulations devraient être d'autant plus longues que les milieux où la propagation aurait lieu seraient plus conducteurs.

Je suis occupé dans ce moment à faire exécuter des appareils plus précis pour suivre l'étude des phénomènes que je viens de décrire, étude que j'ai à peine abordée, mais qui a été cependant suffisante pour me permettre de poser deux principes :

1° Qu'un courant dirigé dans le même sens qu'un autre, peut ou augmenter ou diminuer l'intensité du second, suivant les rapports qui existent entre les chemins qu'ils ont parcourus l'un et l'autre lorsqu'ils arrivent au même point, après être partis de la même source.

2° Que pour produire les mêmes effets, les chemins parcourus par les courants doivent être d'autant plus longs, que ces chemins sont plus conducteurs.

Ce qui fait que les phénomènes que je viens de décrire ne sont pas facilement perceptibles avec les courants voltaïques ordinaires, c'est que l'électricité qui donne naissance à ces courants est si considérable, que l'addition d'un second conducteur, au lieu de déterminer la répartition de la même quantité d'électricité entre ce conducteur et le premier, donne écoulement à une quantité plus considérable de cet agent, et par conséquent les résultats ne sont plus comparables; il faudrait, pour qu'ils le fussent, que le premier conducteur pût transmettre déjà à lui tout seul toute l'électricité développée dans l'appareil voltaïque; alors l'addition du second conducteur ne ferait que répartir entre deux voies différentes le même courant qui n'en suivait qu'une auparavant. Je ne désespère pas de pouvoir réaliser ce cas avec les courants voltaïques. Si je réussis, j'aurais soin de le dire dans le travail où j'examinerai, d'une manière toute spéciale, le sujet intéressant qui a fait l'objet de ce dernier paragraphe.